MONTRÉAL
Septembre 1910

L'Abbé
ETIENNE

Impressions

ET

Souvenirs

CHALONS-SUR-MARNE
IMPRIMERIE-LIBRAIRIE, A. ROBAT, RUE D'ORFEUIL, 3

1911

MONTRÉAL
Septembre 1910

L'Abbé
ETIENNE

IMPRESSIONS

ET

SOUVENIRS

CHALONS-SUR-MARNE
IMPRIMERIE-LIBRAIRIE, A. ROBAT, RUE D'ORFEUIL, 3

1911

MONTRÉAL
Septembre 1910
✳

IMPRESSIONS

ET

SOUVENIRS

———— ⊁⊀ ————

MESDAMES, MESSIEURS,

J'ÉTAIS donc en Amérique au mois de septembre dernier et j'avais la joie d'assister au Congrès Eucharistique de Montréal, ce qui me vaut d'être au milieu de vous ce soir, puisqu'à peine de retour j'étais prié, au titre de congressiste, de faire une Conférence à la maison de la rue Pasteur.

Trois pensées, si je ne me trompe, se sont imposées tout de suite aux pèlerins de l'Eucharistie et se sont alors emparées de leurs préoccupations comme de leurs cœurs : je veux dire le Pape dans la personne de son légat, la France qu'on ne saurait oublier là-bas, et surtout la Sainte Eucharistie qu'on allait glorifier ; et ce sont elles, ce sont ces pensées qui m'ont guidé dans le choix de ces quelques impressions ou souvenirs, puisque je ne vous parlerai que de ce que l'on a fait au Canada ou en cours de route pour le cardinal-légat, pour la France et pour Jésus-Hostie.

I

Ce fut une scène peu banale déjà, Mesdames et Messieurs, que celle de notre départ dans le port de Liverpool. Le bateau qui devait nous emmener, l'*Empress of Ireland*, était à quai. Chacun s'y rendit et y monta comme il put ; car toute une foule en avait envahi les abords et venait nous souhaiter un heureux voyage. Ils étaient là plusieurs milliers, nous félicitant de notre sort, l'enviant peut-être, mais plus désireux encore de saluer chaudement à son apparition le légat, le cardinal Vannutelli. Il arriva, accompagné du vénérable cardinal Logh, primat d'Irlande, qui, lui aussi, allait à Montréal ; et aussitôt jaillirent les acclamations, éclatèrent les vivats, retentirent, parmi des airs de fanfare, des cantiques sans fin. Cela dura longtemps et cela redoublait toutes les fois que le cardinal, ou l'un des cardinaux, paraissait sur le pont. Enfin nous voilà partis ; nous descendons vers l'embouchure de la Mersey et nous voguons vers la haute mer. Nous n'étions pas seuls. Deux vapeurs nous suivaient ; ils étaient noirs de monde et c'était toujours les mêmes cantiques, les mêmes refrains joyeux, les mêmes vivats, les mêmes acclamations. Ces braves cœurs ne se lassaient pas et ils ne se décidèrent à nous quitter que lorsque, trop distancés, ils risquaient de n'être plus entendus. Plus d'un parmi nous, à ce premier spectacle d'une piété si franche, si vive, si chaleureuse, n'avait pu retenir ses larmes.

Ce fut bientôt la pleine mer, et puis l'Océan avec

sa monotonie et aussi l'inconstance ou la perfidie de ses sourires, et puis, après des jours où nous allions comme une église flottante puisque nous avions avec nous la Sainte Réserve, les côtes de Terre-Neuve et du Labrador tourmentées comme des fiords de Norvège, le détroit de Belle-Isle, le golfe du Saint-Laurent et enfin le grand fleuve lui-même plus large, et de beaucoup, que tous les nôtres ensemble.

Nous y pénétrions un beau matin de bonne heure et dans le vaste estuaire, à droite, à gauche, nous cherchions les deux rives, distantes de cinquante kilomètres, sans les apercevoir encore. Le navire heureusement vint à notre aide. Il inclina vers le sud et après quelques milles nous étions à proximité de la petite ville de Rimouski, en face de laquelle il s'arrêta.

Deux vapeurs, comme à Liverpool, se détachèrent de la côte, tous deux de même allure, tous deux en fête et tous deux piquant droit sur l'*Empress*. L'un portait simplement le pilote et venait chercher la poste ; mais l'autre avait à son bord celui qui allait être l'âme du Congrès, Mgr Bruchesi, archevêque de Montréal. Il venait saluer et accueillir le légat à son entrée dans les eaux canadiennes et il nous resterait jusqu'à Québec.

L'*Empress* ne tarda guère à reprendre sa route. A son tour il s'était pavoisé. De petites flammes de toutes couleurs descendaient le long des cordages vers la poupe et vers la proue et, pendant qu'une brise légère les agitait doucement, tout en haut au sommet du grand mât, flottaient majestueusement les couleurs papales qui désormais nous abriteraient de leurs plis. C'était bien Pie X qui, dans la personne autorisée de son représentant, allait voir chez eux ses enfants de la Nouvelle-France et qui, reprenant à son tour, sans avoir craint « les grandes eaux », la route des premiers pionniers, des grands découvreurs, venait se rendre compte de la vitalité, de la fécondité de leur œuvre. Ils avaient naguère, aidés des missionnaires, semé à pleines mains en terre fertile, les Cartier, les Champlain, les Maisonneuve, tous de notre race et de notre sang, et le Père commun venait contempler de ses yeux la riche moisson drue, pressée, abondante, qu'ils avaient si bien préparée. Ainsi pensait-on sur les deux rives du Saint-Laurent comme sur les pentes prochaines des Laurentides ou des Adirondacks. Aussi la joie était partout et, parce qu'elle remplissait les cœurs, elle éclatait de mille manières. Au bord du fleuve, les innombrables maisons blanches à demi-dissimulées dans la verdure, les villages, les bourgs groupés autour de leurs églises étaient pavoisés comme nous ; nos couleurs, et comme cela nous allait à l'âme, étincelaient au soleil ; les cloches carillonnaient dans leurs clochers en fête et de tous côtés partaient des pièces d'artifice, de tous côtés le canon grondait. Jamais prince, jamais grand de ce monde ne reçut, sur une voie plus royale, un accueil plus empressé et plus cordial.

Et pourtant bien d'autres hommages, et tout de suite, à Québec déjà, étaient réservés au cardinal Vannutelli.

Il accosta avec nous devant le cap Diamant sur lequel repose la vieille ville, et non loin d'une modeste église, Notre-Dame des Victoires, une relique, si je puis dire, en tout cas la première en ce pays où nos pères aient prié à l'ombre de la croix, au pied du tabernacle. Mais pendant que nous débarquions au quai banal, un yacht de plaisance, paré, lui aussi, accourait à toute vapeur le prendre à son bord. Ce yacht, le *Lady Grey*, était celui du gouverneur général. Il amenait le ministre de la Marine et le secrétaire d'Etat du Dominion, tous deux spécialement chargés des souhaits de bienvenue, et il allait être à la disposition de son hôte jusqu'à Montréal. Le légat y descendit et aussitôt on le mena au quai du Roi où il était attendu.

Les présentations faites, civiles et religieuses, il monta, avec le maire et l'archevêque, dans un landau découvert, attelé de quatre chevaux, et par des rues étroites et abruptes, entre une double haie d'hommes, de femmes et d'enfants, sous une pluie de fleurs, il escalada les pentes élevées de la terrasse Dufferin où, sous un dais aux couleurs cardinalices, un trône lui avait été préparé.

Il alla s'y asseoir. Le spectacle était féerique. Devant lui, autour de lui, c'était la foule, toujours la foule, pieusement enthousiaste ; à ses pieds le fleuve qui baigne à la fois Québec et Lévis, pareil à cette heure à un immense ruban d'argent, et de chaque côté la ligne bleuâtre des montagnes qui fuyait et se perdait au-delà de l'horizon. Il venait de prendre place. L'archevêque s'approcha de lui et lui lut une adresse où il lui présenta les sentiments de gratitude et de filiale affection de toute la population. Puis ce fut le tour

du maire. Il parla, lui, de Champlain, l'illustre fon-
dateur de la ville, qui préférait le salut d'une âme à
la conquête d'un royaume et qui laissa sur son
œuvre une si forte empreinte catholique. Il insista
sur l'avantage d'avoir eu pour premier évêque un
homme de Dieu, un grand apôtre, Mgr Laval, et il
se dit heureux d'offrir à Son Eminence, au nom des
citoyens de Québec, l'hommage de leur inviolable
fidélité à la Foi et à l'Eglise romaines.

Nous n'en croyions ni nos oreilles ni nos yeux.
Etait-ce bien vrai qu'on put entendre quelque part,
au xxe siècle, un laïque, le premier magistrat d'une
grande cité, saluer en un tel langage un prince de
l'Eglise, et parce que nous n'étions pas dupes d'une
illusion, nous étions fiers que cette voix après tout fut
encore une voix française. Le cardinal était ému, il
était heureux. Il remercia d'un si cordial et si magni-
fique accueil et, en songeant à ce passé de gloire qui
venait d'être rappelé, il félicita les fils de n'avoir
pas dégénérer de leurs pères ; puis, parmi les ova-
tions, il se rendit à l'église Notre-Dame où s'acheva
dans l'action de grâces cette belle et déjà si conso-
lante journée.

Le lendemain le cardinal fit son pélerinage à
Sainte-Anne de Beaupré, la Sainte-Anne d'Auray
des Canadiens français ; il parcourut la ville, visita
le couvent des Ursulines où est enseveli l'héroïque
Montcalm et qu'a fondé sœur Marie de l'Incarnation,
fit une apparition très applaudie à l'université Laval
où un Congrès de tempérance battait alors son plein,
et le surlendemain il reprenait sur le *Lady Grey* le
chemin de Montréal.

Toutes les villes placées sur les rives du fleuve voulurent le posséder quelques heures au moins et lui témoigner ainsi, au milieu de leur allégresse, leur loyalisme chrétien. Il dut s'arrêter à Trois-Rivières et il fit escale à Sorel. Enfin il touchait au terme de son voyage ; mais voici que toute une flottille lui faisait escorte. Trente yachts de plaisance et six grands vapeurs se tenaient dans son sillage, tous, alertes, tous enguirlandés, tous parés du drapeau jaune et blanc, et c'est en cet appareil qu'il fit son entrée dans le port de Ville-Marie (c'est le nom primitif de Montréal) où les sirènes des bateaux restés à l'ancre faisaient rage pour annoncer sa venue.

Hélas ! il pleuvait. La réception dut se faire à l'Hôtel de Ville. Le maire, le maire d'une ville de 500.000 âmes, ici encore, lut une adresse de bienvenue. Ce fut le même accent chrétien qu'à Québec, mais avec une sorte de joie débordante qui marquait bien le diapason des cœurs. Il termina par les mots de l'entrée du Sauveur à Jérusalem : « Hosanna au plus haut des cieux ; béni soit celui qui vient au nom du Seigneur. » Vraiment, Mesdames et Messieurs, nous étions en terre chrétienne et des traditions très chères, apportées de la mère-patrie, avaient conservé là toute leur fraîcheur, tout leur éclat et toute leur force. Montréal méritait bien que le légat à son tour l'appelât tout de suite la Rome du Nouveau Monde.

Pendant toute la semaine du Congrès, il fut, il resta le centre de toutes les attentions. Lord Strathcona, un protestant, mit à son service, lui aussi, son hôtel, son landau, ses attelages, ses cochers et ses valets de pied, tous en livrée cardinalice. On l'acclama à tout propos dans les rues, dans les réunions d'étude, dans les meetings publics et même dans les manifestations strictement religieuses ; partout on lui fit fête, partout on rivalisa pour lui faire honneur. Les enfants, filles et garçons, 30.000 environ, défilèrent toute une après-midi devant lui. Les jeunes gens, au nombre de 25.000, l'escortèrent un jour à travers la ville et dans l'immense arène où ils se réunirent enfin autour de lui, ils l'assurcrent de leur dévouement à l'Eglise et de leur fidélité sans réserve au Souverain Pontife. Le gouvernement du Dominion lui offrit une réception à l'hôtel Windsor, le plus vaste et le plus luxueux de la ville ; dans ce même hôtel le premier ministre de la province de Québec l'invita, les évêques et lui, à un banquet de 400 couverts, et nulle part peut-être il ne fut mieux parlé du Pape qu'à l'heure des toasts par le premier ministre lui-même. L'Hôtel de Ville ne pouvait être en reste et son Honneur le Maire, une expression canadienne, y donna une soirée populaire en l'honneur du légat.

Il ne se pouvait ni plus d'égards, ni plus de respects, ni plus d'unanimes hommages. C'est bien en prince de l'Eglise qu'était traité partout Son Eminence le cardinal Vannutelli, représentant du pape Pie X, le pape de l'Eucharistie.

II

Dᴀɴs ce concert d'hommages la France, « la terre des aïeux », à laquelle tout le monde pensait, ne pouvait manquer d'avoir sa part et elle l'a eue.

Au Canada, le Canada français bien entendu, car il y en a un autre surtout anglais, tout parle d'elle. Dans la région de l'Est, qui est la sienne et qu'il occupe à peu près tout entière, une fois que l'on s'avance dans ses eaux ou qu'on a mis quelque part le pied sur son sol, ce ne sont que vieux noms de France, Beauséjour, Bienville, Carillon de glorieuse mémoire, Montmorency avec sa puissante cascade, et tant d'autres qui résonnent à nos oreilles comme un écho de chez nous. Quelques appellations d'origine indienne ou anglaise ne réussissent pas à nous faire oublier en quel pays nous sommes. On se croirait même dans quelques coins retirés de notre Bretagne ou de notre Normandie quand au hasard d'une conversation on surprend sur des lèvres canadiennes quelques expressions d'autrefois ou je ne sais quel accent de terroir qui n'est ni sans charme ni sans saveur. Mais sans entendre le Canadien, rien qu'à le regarder et à le voir vivre, affable et bon, doux et simple, avant tout religieusement fidèle à ses traditions chrétiennes, on devine sans effort d'où il est et on se dit en soi-même, non sans quelque satisfaction intime : La France, l'ancienne France a passé par là. La France, mais, en ces jours de fête, elle est toute dans les plis de son drapeau partout déployé, et on la trouve jusque dans les larmes de ces religieux qui l'ont quittée, vous savez bien comme, et qui pleurent en nous serrant la main, comme si nous leur apportions, nous, quelque chose de ce qu'ils ont perdu. Et, en tout cela, je ne vous ai encore rien dit de ces pages d'épopée, écrites naguère par nos pères avec leur épée et leur sang, rien de ces souvenirs de toutes sortes, glorieux toujours, tristes parfois, qui sous nos pas jaillissaient sans compter et qui sont encore la voix des nôtres comme celle d'un passé trop oublié peut-être et trop peu connu.

La France, qui lui est pour ainsi dire partout présente et à qui il doit tant, le Canadien français, celui de la province de Québec et des provinces maritimes, le Canadien du Congrès, a pour elle quelque chose de ce que l'on ressent pour une mère, pour une aïeule.

Par la faute du traité de Paris, il est, comme vous le savez, sujet de la couronne britannique, et, depuis qu'il a su reconquérir ses libertés, le libre usage de sa langue, la libre pratique, le libre exercice de ses coutumes et de son culte, il lui est fidèlement, loyalement soumis. Il lui doit, avec une complète autonomie politique, la sécurité du moment et celle du lendemain et il ne désire pas changer de maître. Mais pour l'Anglais, si légère, si douce qu'en soit l'autorité, si utile qu'en soit la protection, il n'a que de l'estime, il n'éprouve que du respect. Quant à l'Américain des Etats-Unis, son puissant voisin, il l'admire, il en subit l'attraction jusqu'à émigrer trop volontiers, — il y en a plus d'un million de sa

race dans la Nouvelle-Angleterre, — au pays de la vie
intense qui excite ses convoitises, qui l'appelle, qui
le retient, à qui il prête son activité et ses bras et
où il risque tant de cesser d'être lui-même. Mais en
l'admirant, en en subissant la fascination, il le craint
comme l'ennemi de demain, il le redoute comme un
maître qui un jour peut être, s'il le veut et quand il
le voudra, lui ravira son indépendance. Parmi les
Américains des Etats Unis, il en est un, l'Irlandais,
qui lui du moins devrait avoir toutes ses sympa-
thies, puisqu'une même foi devrait l'unir à lui dans
les liens d'un même amour. Il n'en est rien. Il
trouve en lui, le croirait on, un ennemi déclaré de
sa langue, de ses mœurs et de sa race, avec sa foi
les trésors de son cœur, et pour cet ennemi qui ne
se souvient pas d'avoir été opprimé chez lui et qui
hors de chez lui se ferait facilement oppresseur, il a
presque de la haine. Je vous avoue humblement qu'en
écoutant ses plaintes, qu'en recevant ses doléances,
nous nous sentions portés patriotiquement à partager
pour l'Irlandais d'Amérique quelque chose de ses
propres sentiments. En réalité, de l'affection il n'en
a que pour nous. En ces derniers temps il était
tenté, il faut bien l'avouer, de croire à notre déca-
dence et même de nous prendre en pitié comme un
peuple qui s'en va. Il se détachait de nous. Mais en
ce moment il est en train de revenir, il revient à une
plus juste, à une plus saine appréciation des choses
et sans vouloir le moins du monde redevenir nôtre,
— pour l'instant et de beaucoup de manières il
aurait peut-être trop à y perdre, — il s'est repris, il
se reprend à nous aimer ; au fond, en dehors du

Dominion, sa patrie présente, son cœur ne bat véritablement que pour nous.

Nous en avons eu, pendant le Congrès, des preuves sans nombre et c'étaient là des hommages qui nous étaient bien sensibles. On se plaisait avec nous, on recherchait notre société, on voulait notre compagnie parce que nous venions de France. C'était nous, c'était les nôtres, plus que d'autres, qu'on voulait entendre, qu'on désirait applaudir. Demandez-le au président de notre jeunesse catholique, M. Pierre Gerlier. Il n'avait qu'à paraître et, avant qu'il ait commencé de parler, les acclamations partaient d'elles-mêmes, les applaudissements éclataient de toutes parts. Demandez-le surtout à Mgr Touchet, d'Orléans, et à Mgr Rumeau, d'Angers, qui tous deux avaient pu se rendre au Congrès. Que de fois il leur a fallu prendre la parole, ici ou là, préparés ou non, surpris ou non, et toujours, où que ce soit, avec un succès irrésistible. Le jour où le premier de la province de Québec avait reçu le légat, Mgr d'Orléans sortait à son tour du banquet et il allait monter dans sa voiture. La foule répandue dans le square voisin du Dominion le reconnut et aussitôt lui demanda, à lui en particulier, quelques mots. Il hésitait : ce pouvait être gênant, c'était si près de l'hôtel. Le maire, qui avait été lui aussi parmi les convives et qui se trouvait là, le fit rentrer et par une fenêtre ouverte du salon qui donnait sur la rue l'évêque se mit à parler une fois de plus et bientôt devant 5.000 personnes. Dans une circonstance plus solennelle, — c'était à l'église Notre-Dame, la plus vaste de la ville, — devant un immense auditoire de 12 à 15.000 hommes, Mgr Rumeau, très préparé cette fois, venait de parler avec beaucoup d'éloquence de l'Eglise de France et de ses épreuves, mais aussi de ses espérances. Mgr Bruchesi se leva pour lui répondre : « Quand vous reverrez, lui dit-il entre autres choses, les religieuses de votre Hôtel-Dieu, sœurs des nôtres, vous leur direz ce que vous avez vu, tout un peuple debout pour acclamer la France. » Et pendant que l'archevêque embrassait Mgr Rumeau, toute la foule répondait à cette invitation. Ce fut pendant quelques instants un indescriptible délire d'enthousiasme.

Ces scènes se sont renouvelées bien des fois ; mais combien d'autres furent moins éclatantes tout en étant aussi suggestives et aussi touchantes. Un des nôtres, un jeune Français, était entré dans une maison d'ouvrier. Il allait être midi. On voulut le retenir, on le retint, parce qu'il était de France, à la table commune servie telle quelle. Les conducteurs de tramways, et dans cette grande ville de Montréal il fallait les fréquenter souvent, n'étaient jamais plus heureux que quand ils pouvaient à la dérobée nous offrir, à nous prêtres de France, le passage gratuit. Un jour je cherchais le journal *La Presse* ; un Canadien s'empressa de me le trouver et jamais ne voulut en recevoir le modeste prix. Et si l'on ne peut mieux faire souvent que de prier pour ceux qu'on aime, que faut-il penser de ces 3.000 ouvriers qui un soir, à Québec, pendant leur heure d'adoration du premier vendredi du mois, chantaient un *Pater* à l'unisson pour le salut de la France.

Oui, le Canadien est bien un fils aimant, séparé de

sa mère il est vrai, et pour toujours sans doute, mais qui ne l'oublie pas. C'était le sens des paroles d'un professeur de l'université Laval qui, dans un toast .du Congrès de tempérance, nous disait : « A toutes nos fêtes il manque quelque chose ; la France est absente. » Et tout de suite il ajoutait : « Aujourd'hui notre fête est complète et notre joie sans mélange : la France, la mère, notre mère, est là. »

III

Ni les hommages rendus au cardinal-légat ni les témoignages de sympathie prodigués à la France ne devaient nuire, Mesdames et Messieurs, à la beauté des fêtes eucharistiques : Celui que tous étaient venus glorifier le fut autant qu'il se pouvait.

L'ouverture du Congrès se fit avec la plus grande solennité. La cathédrale se trouva trop petite pour le nombre des congressistes : elle ne pouvait contenir que 4.000 personnes. Elle était remplie depuis quelque temps déjà quand le chœur entonna tout à coup l'*Ecce sacerdos magnus* et le légat fit alors son entrée en cappâ magna, sous un dais, dans la basilique attentive et recueillie. Une longue théorie d'évêques le précédait, suivis eux-mêmes de l'archevêque de Montréal. Après une prière de quelques instants il alla s'asseoir à son trône. A sa place et en son nom, le prince de Croy, archiprêtre de Mons et camérier participant, lut la lettre du Pape qui le déléguait à la présidence du Congrès, et puis il monta lui-même en chaire. Sa haute taille, sa phy-

sionomie douce, fine et distinguée, lui gagnèrent
tout de suite la sympathie respectueuse de toute
l'assemblée. Il parla en français, d'une voix ferme
et pénétrante, de la catholicité de l'église puisqu'il y .
avait là des congressistes de tous pays, mais aussi
de son unité, faite d'un même cœur et d'une même
âme et dont le secret était la Sainte Eucharistie. En
finissant, il eut une attention remarquée pour la
France sans l'apostolat de laquelle ce Congrès,
aucun Congrès n'eût été possible dans l'Amérique
du Nord. Mgr Bruchesi lui succéda et après l'avoir
remercié du grand honneur qu'il lui faisait, à lui, à
son diocèse, au Canada tout entier, il remercia le
cardinal Logh, — le cardinal Gibbons, de Baltimore,
n'était pas encore arrivé, — les évèques, les prêtres,
les fidèles d'avoir bien voulu répondre à son appel.
Mgr Heylen, de Namur, donna ensuite le salut du
T. S. Sacrement. La cérémonie était terminée et le
Congrès était commencé.

Pendant les jours qui suivirent, cinq jours entiers,
on n'eut pour ainsi dire d'autre pensée, d'autre
préoccupation que la Sainte Eucharistie. Aux pre-
mières heures du matin, les églises se remplissaient
de fidèles et de communiants sur toute la surface de
la grande ville. Le reste de la matinée et pendant
l'après-midi on se pressait aux séances d'étude. On
allait ici ou là selon ses goûts ou ses besoins, les
prêtres en particulier dans l'église du S. Sacrement
où ils se trouvèrent un jour jusqu'à 2.000 ; mais
partout il n'était question que de la Sainte Eucharistie. Tous en parlaient, tous en entendaient parler
et on sentait que son amour animait tous les cœurs

et qu'un seul désir agitait, remuait tous les esprits, celui de la mieux connaître afin de la mieux aimer encore et de la mieux faire aimer. On avait soif du Sauveur pour les autres et pour soi et il semblait qu'on ne pouvait trop bien, trop pratiquement utiliser de si précieux moments. Le soir on se réunissait encore dans ces réunions générales où s'entassaient à Notre-Dame des milliers d'hommes, où traitaient toujours du même sujet toutes sortes d'orateurs et où l'on entendait un Wilfrid Laurier, le premier du Canada, s'approprier le mot de Veuillot mourant : « J'ai cru, je vois », et un autre ministre, le premier de la province de Québec, toujours sur la brèche, s'étonner de parler debout là même où il a l'habitude d'adorer à genoux. N'est-ce pas que ces journées étaient pieusement, eucharistiquement remplies ?

Un de ces soirs pourtant, ou plutôt une de ces nuits, N.-S. fut honoré mieux encore, c'est à-dire comme il l'aime, comme il le préfère. Vers onze heures, les mêmes masses d'hommes affluèrent dans cette même église Notre-Dame. Chacun prit une place, celle qu'il put trouver, et pendant une heure on pria en silence, on adora en commun, on offrit au Dieu de l'Eucharistie de justes, de religieuses réparations. A minuit commença la messe. Un évêque, Mgr Roy, de Québec, prit la parole et après qu'il eut parlé de l'amour infini de notre Dieu et célébré, chanté les joies intimes, toute surnaturelles, de cette bienheureuse nuit, 4.000 hommes s'approchèrent de la Sainte Table. A deux heures tout était terminé. Et voyez comme la ville tout

entière s'intéressait à l'œuvre du Congrès, les tramways, les chars, comme on dit « au pays », ne ces-
sèrent de circuler jusque-là et même, attention toute
de délicatesse, le prix des places fut pour tous dimi-
nué de moitié, selon les traditions locales de la
messe de minuit.

A cette manifestation toute de foi et de piété, et si
impressionnante, allait en succéder une autre, plus
éclatante et non moins émouvante.

Après la messe de minuit, il y eut la messe de jour
en plein air.

Imaginez un immense parc de gazon, le parc
Manse, qui d'une part touche à la ville et de l'autre
au Mont Royal, devenu pour quelques jours le Mont
du Roi des rois, un Sinaï, un autre Thabor. On y
avait construit un gigantesque reposoir, un haut
baldaquin supporté aux quatre angles par des
colonnes accouplées. Au dessous s'élevait l'autel et
tout autour on avait répandu à profusion de la verdure et des fleurs. C'est là, en présence du cardinal-
légat, entouré d'évêques, de prêtres et d'une multitude innombrable qui s'étendait presque jusqu'aux
extrémités du vaste parc, que Mgr Farley, archevêque de New-York, offrit le Saint Sacrifice, et
quand au moment de la consécration tout ce peuple,
200.000 personnes au moins, tomba à genoux dans
le silence et l'adoration, on sentait monter de son
cœur à ses lèvres le cantique des anges au soir de
la Nativité : « Gloire à Dieu au plus haut des cieux. »
Il semblait que tout près la montagne tressaillait
d'allégresse et que là bas, au delà de la ville, la voix
puissante du fleuve et de ses rapides s'unissait à la
nôtre pour louer le Seigneur.

En deux siècles et demi, Mesdames et Messieurs, quel changement, quelle étonnante, quelle heureuse transformation !

Le 18 mai 1642, en effet, un navire qui avait dépassé la ville de Québec, la ville de Champlain, arrivait au bord de l'île de Montréal et accostait là. Trente colons, trente vaillants chrétiens ou chrétiennes, conduits par l'admirable Maisonneuve, en descendirent. Ils venaient en toute confiance et selon la promesse qu'ils en avaient faite ensemble en l'église Notre-Dame de Paris jeter les fondements de Ville-Marie. Tout de suite, avant toute autre besogne, ils dressèrent un autel. Le P. Vimont, un jésuite, célébra la messe, et dans les quelques mots qu'il adressa à ses compagnons il prononça ces paroles presque prophétiques : « Nous ne sommes qu'un grain de sénevé ; mais le grain de sénevé se développera et il sera un jour un grand arbre. »

Et voici que sous nos yeux la prophétie s'était réalisée. La solitude où se cherchaient autrefois, pour se détruire, quelques tribus d'Indiens, s'était peuplée ; les colons étaient aujourd'hui légion ; le petit autel était devenu un autel triomphal et au lieu du modeste prêtre de la première heure, le célébrant du jour, c'était l'évêque d'un vaste diocèse alors inexistant, le chef spirituel de plus de douze cent mille catholiques pratiquants ; au lieu d'une poignée de fidèles, c'était toute une multitude de croyants et d'adorateurs. Comment ne pas bénir Celui qui avait tout inspiré, tout béni, tout protégé, tout fait fructifier, et comment ne pas s'écrier en présence d'un si saisissant contraste : « Oui vraiment, le doigt de Dieu est là. »

Et pourtant, dans cette semaine unique où tout allait croissant, ce n'était pas encore là la suprême apothéose. Elle devait avoir lieu le lendemain et ce serait la procession finale.

Tout avait été préparé pour qu'elle fut hors de pair. De loin en loin, sur un parcours de plus de cinq kilomètres, des arcs de triomphe, — il y en avait douze — avaient été élevés. Plus d'une province avait voulu construire le sien. Les Acadiens, les plus français des Canadiens, avaient le leur et, se souvenant des mauvais jours que le poète d'Evangéline, Longfellow, a immortalisés, ils avaient tracé dessus ces simples mots, si expressifs dans leur brièveté : Amour et Reconnaissance ; des gerbes de blé, le blé des élus, revêtaient symboliquement celui de l'Alberta et du Manitoba, et un ostensoir d'or couronnait celui des Franco-Américains, comme celui de l'église Saint-Louis, roi de France. Entre ces arcs, des piliers blancs portaient çà et là des fleurs ou des anges en adoration, et d'autres que reliaient des guirlandes de verdure étaient surmontés de mâts et d'oriflammes. Les maisons, toutes les maisons, étaient pavoisées, et habillées de drapeaux et de banderolles, et toutes ces couleurs, celles du Canada, celles du Pape, les nôtres, celles de l'Angleterre, celles de l'Irlande, se mariaient à ravir. Un peu partout des inscriptions eucharistiques disaient assez Celui qu'on voulait glorifier. Rien en somme n'avait été épargné pour lui ménager un triomphe digne de lui,

Le succès dépassa toutes les espérances. Par un soleil radieux et sous un ciel sans nuages, alors que les choses étaient ainsi à l'unisson des âmes, la procession fut simplement grandiose. Derrière les zouaves pontificaux, — car le Canada en a gardé quelques bataillons toujours prêts, — qui ouvraient la marche comme ils devaient la fermer, tous les continents, toutes les races, tous les peuples, toutes les professions, toutes les conditions, étaient représentés. Avec les Canadiens et les Américains, naturellement les plus nombreux, il y avait des Noirs, des Indiens, des Chinois, des Syriens, des Polonais, des Italiens, des Français, des hommes de toute couleur comme de tout pays. Ils étaient groupés par associations, par confréries, par paroisses, par diocèses, par nations, et chaque groupe avait ses insignes, portait ses bannières et s'avançait à sa place, à son rang, d'ordinaire six de front et dans un ordre parfait. De distance en distance, pour entretenir et maintenir entre tous le même courant de foi et de piété, des chœurs chantaient et c'étaient souvent des hymnes de France, c'étaient nos cantiques : « Pitié, mon Dieu » ou encore « Nous voulons Dieu ». On eut dit, en somme, que toute la catholicité s'était donné rendez-vous pour faire cortège à Jésus-Hostie. Combien c'était prenant, et ce le fut de plus en plus quand vinrent à leur tour les mille enfants de chœur, la phalange serrée des Tertiaires de Saint François, les religieux de tous ordres, les prêtres en habits de chœur au nombre d'environ deux mille, les prêtres en dalmatique et en chasuble au nombre de quatre cent cinquante,

les quatre-vingt seize évêques en chape et en mitre,
et enfin Celui que tous attendaient, le Très-Saint
Sacrement, escorté par le 65ᵉ d'infanterie et porté
par le cardinal Vannutelli. Derrière le dais, car le
défilé était loin d'être achevé, marchaient deux cardinaux, l'archevêque de Montréal, le lieutenant-gou-
verneur du Dominion, le premier ministre du
Canada, les ministres, les sénateurs, les députés de
la province de Québec, le gouverneur de l'Etat de
Rhode-Island aux Etats-Unis, Canadien français
d'origine, le maire de Boston, un catholique, la
municipalité de Montréal ; puis le barreau, la
magistrature, les médecins, les autorités académi-
ques, toutes les autorités, encore tout un monde.
Sous les yeux de quatre à cinq cent mille specta-
teurs placés un peu partout, sur les toits, aux fe-
nêtres, aux balcons, sur des estrades, sur les trot-
toirs, ils étaient passés ainsi, en cinq heures, plus
de cent mille unis dans une même pensée d'hommages à Dieu, dans un même sentiment d'amour,
et jamais ni nulle part pareil cortège que je sache
ne s'était déployé dans les rues d'une cité en
l'honneur de la Sainte Eucharistie.

Quand le cardinal légat fut arrivé, parmi des cen-
taines de mille fidèles, au reposoir de la Messe en
plein air où finissait la procession, toute cette foule
agenouillée chanta à plein cœur le *Tantum ergo* ;
puis après quelques vivats étrangement saisissants
et l'un d'eux plus nourri, plus chaleureux que les
autres, pour la France, le cardinal donna la bénédiction, la dernière bénédiction, alors qu'une cen-
taine de clairons sonnaient aux champs. Aussitôt le

Saint Sacrement fut porté et déposé dans une cha-
pelle voisine, celle de l'Hôtel-Dieu. Le Congrès était
terminé ; tous se dispersèrent.

Tous nous étions à la joie et volontiers nous
aurions chanté encore : Vive le Christ ; gloire,
amour, reconnaissance à Celui qui règne dans les
cieux aux siècles des siècles. Et pourtant nous ne
pouvions nous le dissimuler, nos cœurs étaient
malgré tout un peu serrés ; un sanglot, nous prenait
à la gorge et voulait éclater. C'était donc déjà fini.
Il fallait à notre tour descendre de notre Thabor.
C'en était fait de ces quelques jours heureux,
de cette trop rapide, trop courte vision du ciel.
Du moins nous avions, nous emportions une fois
de plus la preuve par le fait que l'Eglise est loin
d'être morte, qu'elle est bien vivante, que ses fos-
soyeurs, d'où qu'ils viennent, s'agitent, se trémous-
sent en vain, qu'ils passeront avant elle ; et nous
nous promettions de le dire, de le redire, comme
aussi de parler de la présence du Sauveur, si
sensible à l'âme des foules comme à chacune de
nos âmes, de sa puissance mystérieuse, de ses
attraits infinis et de son triomphe. Pour ma part,
j'ai essayé de le faire quelque peu ce soir, et je
serais heureux si j'avais pu, si j'avais su vous faire
aimer plus encore, avec l'Eglise et la France, la
Sainte Eucharistie, si j'avais réussi à vous attacher
davantage de cœur et d'âme à Celui qui tant mérite
l'hommage de nos personnes, de nos activités et de
nos vies.

24 Novembre 1910.

CHALONS. — IMP. A. ROBAT.

IMPRESSIONS & SOUVENIRS